Un Modelo de la Existencia, Osciladores en una Sustancia

I0468922

Dean LeRoy Sinclair (BA , MS, PhD)

Un punto de vista sobre algunos datos que vienen de los anos mas tempranos del siglo XX , cambiado del punto convencional,revela un modelo integral de la existencia.

Este libro es una traducción del parte primero de una edicion en ingles del título, Oscillators-in-a-Substance Model of Existence: A Physicist's Grail and an Alexander's Sword ," traducion hasta espanol del inglés usando "El Traductor Google," con modificación de la fraduccion por el autor. Todas las faltas son de el.

PREFACIO

Sea probable que cuando los físicistas piensan en el hallazgo de un "Grial de Físico," ellos piensan que lo que se encuentra sea un conjunto de ecuaciones diferenciales que contendrá la sabiduría de un gran genio, la unificación de los "cuatro fuerzas de la naturaleza;" y, por lo demás, la satisfacción de las expectativas que parecen haber desarrollado de una teoría científica.

Por desgracia, la realidad es diferente. Resulta que todo lo que se necesita son unos simples cambios en el punto de vista que debería haber sido obvio en los primeros años del siglo XX, en lugar de aparecer aquí en el medio de la segunda década del siglo XXI, en una "Explicación de Casi Todo," cual esta denominado en este documento como
" El Modelo.Osciladores-en-una-Sustancia, " zeste modelo utiliza lo más simple de las matemáticas básicas, Es tan radicales en sus implicaciones por via de el cambio de los puntos de vista que han sido aceptados para muchos años, que un colaborador de este trabajo, en una carta privada, llamadolo, (por supuesto, en ingles) "una espada de el Alejandro"para cortar el nudo gordiano de las teorías enredados que están confiando las Ciencias Físicales.

De ahí el "Título de Trabajar' dado a este libro, "El Modelo Osciladores-in-a-Sustancia   Grial de los Físicicistas y una Espada de Alejandro,' sea descriptivo del contento y algo de la significancia de esta obrita.

Se espera que este librito se encuentra para ser una lectura interesante y valioso como fuente de ideas para la discusión. Sin lugar a dudas, las partes más tarde se encontrarán a necesitar revisión. Algunas ideas y conceptos que fueron aceptadas por este escritor en la salida, en la primavera de 2004, fueron posteriormente modificadas o desechadas, como la información y las ideas surgieron.

Bienvenido a la aventura.

PRELUDIO

Si Ud entiende completamente lo que está pasando en el siguiente ensayo, hay una posibilidad de que Ud realmente no necesita leer el resto del libro.
Si la discusión que sigue-- que resulta ser un resumen de lo puntos s principales del libro-- tiene demasiada jerga técnica, y está muy condensada; por favor, no te desesperes del resto del libro. que trata de estar a un nivel más legible.

Una poema pequeñita con consecuencias grandes

Una mirada cuidadosa a los mensajes cuales posible-mente sean ocultos en el primer verso de un poema sigue hasta una "Teoría del Todo" bastante completo .

Una poema publicado en el Intereto. hace algunos años, se inició con el siguiente verso, traducado aquí del inglés:

"En un día pasada,
alguien creó un 3-D, matriz de puntos,
aprendio un lugar,
arrancó un punto,
y la Creación estaba en camino."

A primera vista, lo anterior no es más que un poco fe coplas cuales, en ingles, aparace a ser de estilo "Limerick. Entonces, se dio cuenta de que había un enfoque monoteísta, que combina dos posiciones aparentemente-antitéticos, "Diseño Inteligente" y "Creación Evolutiva," con la Teoría del Caos, en sólo cinco líneas.

*(Aqui esta el verso en el inglés original;
"On some long-bygone day,
Someone set up a 3-D, dot array,

picked a spot,
plucked a dot;
and Creation was on its way.")

Se ha producido el pensamiento de que este pequeño verso podría contener mucho más profundidad que jamás se esperaría notar. ¿Qué pasaría si asumimos que sea esencialmente cierto, introducido en nuestro universo?

¿Cuáles serían las características necesarias de la "matriz de puntos en 3D?" ¿Qué debe pasar con el "punto arrancado," para la creación de continuar de un desplume ?

¿Cuál es la implicación de la elección de la palabra, "Arrancar?"

¿Qué pasa si nuestra existencia esté dentro una matriz de 3-D? El vacío del espacio, de hecho, todo, estaría llena de este "algo." En lugar de "vacío, donde no existe la materia", como se supone actualmente por los científicos.

De hecho, la materia tendría qué consiste en una especie de agrupamiento de puntos.

La matriz 3D tendría que ser capaz de llevar a la Información y energía por radiación electromagnética, en la "velocidad de la luz." Una matriz que hizo esto podría ser posible si los "puntos" eran rotores en contacto unos con otros que fueron rotando a una velocidad tangencial medial de la velocidad de la luz. Como la luz se considera una onda transversal, nuestra matriz tiene que tener una característica de un sólido, sin embargo, parece tener una gran flexibilidad como objetos materiales se mueven dentro de él.

Esto suena muy parecido a una sustancia química en su punto triple donde la sustancia, mientras que por lo general en un estado líquido, puede actuar como un sólido o gas en función de la variación de la presión ligero, entonces sería una perturbación de la presión que crea su propia Sólido / Gas Frente de Ondas medida que se mueve.

Sabemos que "Lo único que no cambia es el cambio." Para que haya existencia, tiene que haber un cambio continuo.

"¿Qué pasa con el" Plucked Dot?"(Punto arrancado) La palabra,, "plucked'" tiene en inglés, una implicación de "para comenzar a vibrar. Eso "Plucked Dot" tendría que seguir a vibrar, el suministro de la "fuerza motriz ", el trabajo, para mantener que la Creación va . Esta fenomeno se podría llamar "El Oscilador que tiene Control de nuestro Universo."

(En inglés, "pluck" que posiblemennte traduzca como desplumar, significa no solomente

desplumondo de aves; pero, también, ideas de tocar para causar a vibrar.)

Esta idea de control por via de un oscilador central puede dar cuenta de una serie de fenómenos, incluyendo los misterios del "material negro " y "energía oscura". La ubicación del "punto-oscilador desplumado" sería estar en el centro del volumen que es conocido por presentar la mayor parte del fondo de microondas de energía de nuestro universo. Ese sería el volumen en el que la mayor parte de la materia de nuestro universo aún se concentró, como el postulado oscilador de control no sólo proporciona movimiento a la matriz, pero, también, reorganiza partes de la matriz en unidades, que dan lugar a los neutrones. Estos, a su vez, dan lugar a las unidades de electrones y protones que se reincorporen a átomos de hidrógeno. Estos, con el tiempo, se unen en todas las unidades que conocemos como materia. Cómo creó la materia en la región del oscilador de control se acumula, el movimiento del oscilador hará que se expanda a través de la matriz original.

En nuestra posición en la matriz, tenemos observaciones que podemos usar para determinar cosas sobre "Existencia" y más acerca de nuestro postulado "oscilador de control".

Volvamos a la idea de una sustancia. Dentro de una sustancia sería una presión, una presión que siempre está variando ligeramente, pero promediando a una "fuerza que es su propio opuesto igual y oposito ." Este "Una Fuerza Universal," nos da una definición para nuestro termino, "la masa," como un medida de la presión interna dentro de una unidad, contra la presión del resto del universo (o matriz), que permite que la unidad tiene existencia. Se sintió Esta presión, en cierta medida, por cualquier otra unidad en la matriz, y representa lo que conocemos como gravedad. La gravedad sería la aparente atracción que sienten los dos entidades, ya que habría menos de la matriz en la línea entre las dos unidades que no habría detrás de ellos en la misma línea. Sus presiones contra la matriz tienden a obligar a separar las unidades entre crear una aparente atracción. Esta fuerza de atracción gravitacional desaparecerá cuando las dos unidades entran en contacto físico entre sí, momento en el que operan como una unidad. Este fuerza gravitacional operará entre dos unidades y operará dentro de cualquier conjunto de unidades que puede ser considerado. En una difusa, pero coherente, unitaria, tal como la galaxia, los "conos de fuerza" se equilibrará en el centro físico de la unidad para crear una aparente ausencia de válido, o la presencia o de una fuerza enorme equivalente a la masa total del objeto - ya sea vista dará la impresión de una atracción de todas las unidades de la galaxia en un "agujero" o hacia una masa física, ninguno de los cuales está ahí, sólo hay la suma de vectores, lo que equivale en tamaño a la masa entera de la Galaxia.

Radiación Electromagnética parece ser el movimiento importante dentro de nuestra matriz. Podemos sospechar que se origina en nuestro postulado oscilador de control.

Hay dos constantes de la naturaleza estrechamente relacionados con el electromagnetismo. La velocidad de la luz, "c", y Constante, "h" de Planck . Estos últimos se pueden tomar para ser el "momento angular, por ciclo," de un montar a caballo de la onda información sobre las ondas electromagnéticas que viajan a una velocidad promedio de "c." Una definición del momento angular es "masa veces la velocidad veces el radio."Así que escribimos, "h = mvr /ciclo." Dado que la velocidad de la luz,"c ", es, al parecer, la velocidad subyacente de la onda portadora, que asuma que ser la velocidad tangencial de los rotores, e inserte c para v obtener, h = mcr/ciclo, y reorganizar para formar una nueva constante, "h/c por ciclo", que tiene las dimensiones de la masa veces el radio por ciclo . Tomando nota de que esto es independiente de la duración del ciclo y tiene las dimensiones de energía o trabajo (masa veces Distancia) podemos definir esto como una Quantum básica de la Existencia. Esto podría ser una medida del trabajo que se realiza, de forma continua, por el oscilador de control. Se podría llamar la "Quantum básico que dio el nombre a la" Revolución Cuántica del siglo XX ". Además, en la forma

mxr = h/c, la ecuación podría ser tomado como la definición de una familia de osciladores y usada para encontrar los límites. Hacer esto con el electrón y el protón, considerando masa resto sea un posible límite de "m." El correspondiente "r" se puede ver como la "longitud de onda Compton."

Esto da una conección/explicación de la partícula / onda dualidad del electrón y del protón. Considerado como unidades coherentes, "masa veces radio." lo cuales son partículas. Considerado como osciladores, con una longitud de onda límite de la misma dimensión que el radio, muestran vibración, por lo tanto se tienen las características de las ondas.

Usando la idea, "Si uno límite se puede encontrar, un límite recíproca puede existir en la situación en la que se invierten los coeficientes," uno encuentra que el electrón y el protón contendrían la misma función básica de trabajo, pero expresado de maneras muy diferentes, el electrón tiene un intervalo de unas 1.832 veces la del protón. El electrón sería a la vez mucho más grandes y mucho más pequeño que el protón, y mucho más ligero y mucho más pesado que el protón. Esto da lugar a la posibilidad de que el "átomo nuclear" consisten en lo que podría llamarse "Dos interpenetrados gotitas de plasma ," El pequeño centro definido por la aglutinación de los protones, las dimensiones exteriores definidos por el rango de vibración de la electrones, lo que sería, también, que vibra a través y hacia el centro de el clúster de protones.

Un plasma es un conjunto de partículas cargadas. El electrón y el protón tienen "cargos". Tenemos que determinar de lo que estamos hablando cuando utilizamos el término "carga". Como vemos dos tipos de "Cargo," suponemos que los cargos representan dos facetas opuestas de las unidades, sobre todo cuando se sabe cada uno para tener una, exacta o casi exacta, unidad asociada evidente con la "carga opuesta." unidades opuestas serían imágenes especulares. Izquierda o imágenes diestros, o de los sentidos de rotación opuestos, o ambos. Si estas unidades son osciladores de vórtices, que se derivarían de la división de un único oscilador que tiene mitades opuestas giran en sentido contrario, entonces cargo sería una demostración de este hecho.

La supuesta "aniquilación" de electrones y antielectrónes, después de la primera en unirse una "molécula" neutra sugiere exactamente esto. Ellos se unen primero en una forma de dos centros-- molecular-- neutral que luego combina en un átomo neutro, un oscilador que tiene un centro solo. Ese centro, sin embargo, puede estar dentro de un ecuador y el átomo, en cualquier instante, consisten en dos mitades de contra-rotación que se puede dividir. Esta división también se conoce, se le llama "par-producción."

Nosotros. puede volver a la cuantía básica, "h / c" y verifique en la idea de que un valor medio de la radio y la masa podría definir las características del oscilador de control básico. Un valor medio se encuentra tomando la raíz cuadrada del valor de "h / c." A medida que el valor de f / c, en el sistema CGS, es aproximadamente $2,2 \times 10^{-37}$ g. cm. una "cifra media" sería de unos $4,7 \times 10^{-19}$ g. o cm. Esto sugiere que el oscilador de control puede tener una longitud de onda básica de alrededor de 4.7×10^{-19} cm. que corresponde a una frecuencia de aproximadamente $6,4 \times 10^{28}$ cps.

A partir de las especulaciones generadas por un pequeño poema, parece que hemos progresado hasta un simple "Teoría del Todo" cual tiene una aplicación amplia.

Las ideas básicas. (Recapitulados de otra manera)

INTRODUCCIÓN

Durante los últimos años, una serie de pequeños papeles han sido publicados en Interetó que le confieren un modelo ahora llamado "Modelo Osciladores-en-una-Sustancia." Esta es una "Teoría del Todo" lo que podría ser llamado "Grial a los físicos", o "la espada de un Alexandro para el enredo de Física Teoría".

Aunque este modelo "creció en sí," como el resultado de una "ocupación por tiempo de anos semifinales de reescritura de Teoría Ciencia Física," se crea que puede tienen algún interés para otras personas. .
Esto es un intento de recoger los puntos principales de estes obritos en un manuscrito legible, coherente que abarque lo esencial de esta "Teoría del Todo", y sus implicaciones amplias.

Como este libro se está yendo construiendo desde manuscritos anteriores en lugar de ser totalmente escrita "desde cero," habrá un poco de repetición y algunos casos de puntos de vista cuáles son ligeramente diferentes porque los conceptos cambian ligeramente a medida que evolucionaron durante los últimos once años (2004-2015).

El tren de la lógica que lleva a ideas básicas de la modela

el rastro de pensamiento que conduce a la afición, y para este manuscrito, se inició en la primavera de 2004 con una idea que el genio de Einstein podría haber sido su capacidad de ver el significado de la "Obvio que no se vista." A pesar de que esta idea parece haber sido en error; la idea de ver el "Obviamente," para ver si hay algo más podría estar allí, resultó ser útil.

La primera cosa que se miró inició un tren de la lógica que llevó mucho más allá de lo que podría nunca haber sido anticipado.

El primer pensamiento fue: "¿Hay algo en la obra de Einstein, él mismo, eso es obvio, con algo en lo que podría ser pasado por alto?"

A partir de ahí los pensamientos fueron mucho de la manera siguiente:

Gran parte del trabajo de Einstein parece estar basado en estos ecuaciones que incluyen el factor, v^2/c^2. en las ecuaciones.

Cualquier ecuación podría generalizarse en aplicarían.

¿Qué pasaría si estas ecuaciones debían ser

generalizada de alguna manera?

¿Cuál sería entonces la importancia de la constante representado por "c"?

Estas equaciones aparacen aplicables para los casos en cual la información se transfiere con una velocidad máxima de transferencia representado por la constante que era aplicable a la situación.

Es decir, estas ecuaciones se aplicarían a la distorsión de la información transferida en el agua, en el aire, por el impulso nervioso, por "Posta de Caballito " De hecho, ellos se aplican a cualquier dominio o universo perceptual definido por una velocidad máxima de Transferencia de Información ." Lo que es común a toda la transferencia de información? La información se transfiere en "paquetes" de un soporte a otro,

¿Qué es la velocidad máxima esa información puede ser transferida a través de una distancia bastante larga? Esa sería la velocidad media de los portadores de información. Es decir, para un mensaje que va un dirección solo .

Lo que habría que decir acerca de la "velocidad de la luz?"

La velocidad de la luz, en un vacío, debe ser una velocidad media de cualesquiera que sean los portadores de información cuales son dentro de un "vacío".

Radiación flectromagnética se conoce para llevar en líneas rectas, tendido en todas las direcciones desde un punto de radiador.

¿Qué tipo de transportistas podría hacer esto, al mismo tiempo que la producción de lo que parece ser un movimiento ondulatorio transversal? Esta es una pregunta doble, tenemos que mirarlo en dos partes.

Para tener un movimiento ondulatorio transversal, necesitamos algo que puede actuar como un sólido.

¿Cómo puede un vacío ser un "sólido," que llevaría dicha moción ola ?

Después de muchas especulaciones, surgió una respuesta a esta pregunta.

Las condiciones anteriores se cumplen por una "sustancia, en su punto triple" en las que puede actuar como líquido, sólido o gas, dependiendo de la presión. Esto sería una sustancia que se compone de rotores que tienen un velocidad de rotación promedio de la velocidad de la luz.

Esta sustancia podría llevar a la "perturbación de la presión llamada luz", como si se tratara de un sólido, como paseos a movimiento de las olas en la tangencial contactos de velocidad de las unidades. Esta perturbación de presión crearía una variable frente sólido/gas en la sustancia líquida básica.

A partir de esta visión de la naturaleza probable de la Luz, y su transmisión en un vacío ha surgido "El

Modelo Osciladores en una Sustancia de Existencia."
Este modelo rehace gran parte de la teoría básica de
la ciencia física.

El supuesto de una sustancia básica, de forma
inesperada y la unidad. más simple. indefinido, afirma
de inmediato los límites del modelo. Se hace ninguna
demanda para definir el hecho de la existencia. Sin
embargo, a partir de la idea de una sustancia básica --
más el hecho de que, "Lo único que no cambia es el
cambio," se puede ver una solución inmediata a la
dificultad de Einstein por resolver el problema de la
unificación de las "fuerzas cuatros." Ningunas de las
fuerzas quadras convencionales corresponden hasta
la regla por una fuerza verdadera.   Una fuerza
verdadera habría pero una válido: "Su propia Igual y
oposado." Una presión universal muy poco variable
dentro de esa sustancia tiene esta cualidad.
A partir de este, parece inmediatamente una
definición de "la masa" como una medida instantánea
en un punto en una superficie de una entidad de la
presión dentro de esa entidad. Esta es una fuerza
contra el resto de la Existencia que permite ese
entidad particular para sobrevivir.
Esta definición de la masa define la gravedad de
manera muy sencilla, como "La atracción aparente
entre entidades materiales debido al hecho de que

hay menos de la sustancia de la existencia entre cualquiera de las dos unidades que hay detrás de los dos en la línea que los conecta.

"Es decir, la presión de una entidad contra el resto de la existencia se siente irradian siempre y se sentía, en cierta medida," Siempre" La fuerza de las masas sentían entre las dos unidades tenderá a hacer a un lado el material entre ellos, y se ven obligados uno hacia el otro por el material detrás de ellos. Esta interacción entre dos unidades desaparece cuando ellos tocan, y, a partir de entonces, los dos actuan como una unidad.

El hecho de radiación hacia el exterior de la presión de la masa de una entidad cuando se aplica a una unidad coherente-pero-difusa tal como una Galaxia, cuentas de los fenómenos, que se dice que son "agujeros negros." La radiación en el centro de las fuerzas de las masas, se puede considerar como si estuviera formado por conos centrados en el centro de cada unidad. El resultado es, en el centro de física de la balanza, el objeto tiene un punto instantáneo donde toda la masa de la unidad actúa como si se concentra allí.

Esta acción combinada sea una suma vectorial de las masas a las afueras, y sus alrededores, el punto donde se equilibran. En una galaxia, ya que las unidades de la galaxia se mueven en todo momento, el centro instantáneo de la masa será barrer un volumen. Este volumen Negro-Agujero, si se quiere conservar el nombre, es sólo eso, un volumen. No es un pozo infinitamente profunda.

La enorme masa asociada, invisible. existe como el vector de masa sumado, hablado de arriba, no como una entidad física.

Lo que hemos discutido hasta ahora, son resultados que fácilmente podría haber sido inferidos hace años, tuvieron la Experimento Michelson-Morley de 1890 ha interpretado como dar información sobre lo que estaba presente en "donde la materia no era," y no por el supuesto "Donde no hay materia, no hay nada."

Parece como si alguno, estudiante de la Escuela Secundaria, razonablemente inteligente, debería haber dado cuenta, en algún momento durante el siglo pasado, que no había un patrón mucho más simple y más lógico existencia de lo que se está enseñando en las escuelas. Los datos discutidos anteriormente estaba disponible. También ha estado disponible la obra de Max Planck, que al poco reinterpretada, añade la idea de "oscilatorio de movimiento" para el movimiento necesario para la existencia y añade la segunda "dimensión" hasta el Modelo de los osciladores en-un-Sustancia, la dimensiion de asciadores.

Se espera que esta pequeña introducción habrá intrigado lo suficiente como para ir a ver las ideas y explicaciones adicionales que surgen cuando la obra de Max Planck está integrado con las ideas introducidas anteriormente.

La única publicación en una revista científica del Modelo, Oscillators-en-una-Sustancia, se incluyó en el noviembre / diciembre 2013 edición de Infinite Energy como el papel número nueve en un seccion especial sobre los papeles que tratan con las teorías de la fusión fría.

Por desgracia, la prueba de galera no fue editado y que el papel tiene una serie de errores tipográficos embarazosas. Una versión algo limpiado se publicó en el Sito. Oscilador / Sustancias Teoría Grupol este es un Sitio de Grupos Google que estaba creado en 2008 para explorar las ideas básicas cubiertas aquí.

Esta version se reproduje aquí en una forma un poco además limpiado de errores.

Algunas implicaciones de la Modelo, Osciladores-en-una-Sustancia

El modelo, osciladores en una sustancia, es un enfoque teórico que parece explicar todo - excepto el hecho de la existencia. Es un modelo que se ha "escondido a vista plena", durante más de un siglo. Ha oscurecidose por la ianterpretación mala del experimento de Michelson-Morley como demostrando que el "vacío" era un espacio vacío.

(Este modelo podría haber llegado a existir hace más de un siglo si habia se dado cuenta de que los disturbios que llamamos "luz" podría ser llevado por los rotores en contacto entre sí y que la obra de Max Planck podría utilizarse para definir aún más los rotores. Einstein hizo un par de errores de juicio y de la comunidad científica siguió su ejemplo.)

Una declaración de resumen para este modelo es, como sigue: "Toda la existencia se considera como siendo dentro de una sustancia / Sustrato de grado desconocido y unidad básica indefinido, que tiene las características generales de una sustancia química en su punto triple. Esta sustancia está organizado en y / o controlado por osciladores de la familia definida por la ecuación, $mxr = h/c = rxm$, con una inversión a través del valor definido por $(h/c)^{0,5}$

Esta raíz cuadrada de la relación de la constante de Planck a la velocidad de la luz describe una entidad hipotética con una masa de aproximadamente

4,7 x 10^{-19} gramos y un radio de unos 4,7 x 10^{-19} cm, Esta entidad sería el tamaño medio de los osciladores de nuestra existencia, y representa una masa media valor.

Este modelo tiene muchas implicaciones en la teoría de la física. Una es que lo que consideramos como la masa en reposo, es aparentemente una presión mínima contra el resto de la existencia ejercida en el radio máximo del oscilador. Este radio máximo resulta ser en la literatura como la "Compton longitud de onda," para muchas unidades. El otro límite probable, de presión máxima en el radio mínimo, se puede estimar mediante la inversión de los valores absolutos.

Este enfoque conduce a la conclusión interesante que el electrón tiene límites tal que, en una sola inversión / rotación / inversión-de-rotación ciclo sea capaz de pasar no sólo a través y dentro de un núcleo atómico pero en realidad mucho dentro de un protón o un neutrón. El electrón / positrón parece ser interconvertibles.

 Además,la idea de la materia y la antimateria se aniquila parece surgir de una situación de un / par anti-electrón electrones alcanzar una alineación exacta como para combinar a una unidad, lo cual estaba de los padres de física previamente insospechada, que puede ser la unidad que se halla de todas partes del vacío. Una unidad posiblemente deformable a la de neutrones por los acontecimientos de la onda de choque. Considerado de esta manera, esta unidad, apodado por este escritor, el "Zerotron." Sería, en efecto, la unidad que sea la madre de todos las cosas materiales.

[Los experimentadores deben ser conscientes de esta probable habitante, ubicuo de la "Null Set. "en cualquier obra. Especialmente si su trabajo será de alguna manera causar una onda de choque, lo que resulta en un posible estallido de neutrones. La enfermedad por radiación informado por leClaire como resultado de uno de sus experimentos con colapso cavitaciónal también puede ser un ejemplo de lo ser desconscientes de este factor.

 Parece probable que mientras que las estrellas están convirtiendo hidrógeno a través de una serie de pasos a ferro , también se están convirtiendo más Zerotrons a neutrones, de equipamiento más hidrógeno para quemar.

Podría ser interesante para comprobar para ver si tan simple onda de choque que se produce por actúas tan como una descarga eléctrica en el vacío o golpeando un yunque con un martillo produciría algunos neutrones.]

La presión de las "Unidades del Vacío --" en la cantidad comparativamente infinitesimal de sí que conocemos como "materia--" es el " Fuerza única que es su propia igual y opuesta." Eso es que siempre hay una presión hacia la igualación de movimiento a lo largo de la existencia. En un nivel localizado, se siente esta presión como un impulso hacia un centro común de movimiento mínimo neto. La manifestación más común de este llamamos "Gravedad", que por lo general se considera como una atracción entre las unidades de la materia. Esta descripción matemática funciona bien, excepto en el límite. *En el límite, el concepto de empuje juntos alcanza un equilibrio. La formulación "reunir,"sin embargo, implica un agujero infinitamente profundo.*

(Este error en el concepto de la gravedad hace que el agujero malentendido negro de los astrónomos. No hay nada malo con sus datos. Tienen que cambiar su punto de vista de la gravedad de un "reunir" a un "empujar juntos" para entender por qué ellos no pueden encontrar "el objeto material enorme que 'debería estar allí.'")

La comprensión de que la materia no es más que una parte casi infinitesimal de todo lo que existe, así como la comprensión de que lo que consideramos como la masa en reposo de una unidad es una pequeña fracción de las cuentas de medios masivos para una serie de "misterios inexplicables," por ejemplo, "materia negra " y "energía oscura". Energía, en este

modelo, es otro nombre para un paquete de motion.
masa es el nombre para el acumulado efectos de la
presión de los movimientos dentro de una superficie
como expresaron en contra del resto de la existencia
en un punto en esa superficie. Se mide por
comparación con algún estándar

En el otro lado, energia, por lo general significa los
efectos de movimiento observan cuando las unidades
móviles chocan - se mide por los efectos de colisión
uno.

La carga se define en este modelo como la
manifestación observada de la rotación residual
asociado con de las formas osciladores de vórtice.
Un efecto residual neta antihorario es probablemente
la "carga negativa" asociada a los electrones. Un giro
hacia la derecha neta sería una carga positiva.

Cabe señalar que, si bien los cargos están asociados
with una unidad individual, los efectos que vemos y
atribuimos a las unidades individuales son los efectos
de un gran número de unidades en conjunto. A nivel
de unidades individuales o pequeños grupos de
unidades de la situación es algo diferente. Hay
evidencia de que los electrones par, y no hay razón
para pensar que protones no se emparejan, también.
La unidad. positronium, puede ser esencialmente el
mismo que el par de electrones observa para
moléculas. excepto que, en el nivel molecular, o

incluso el nivel atómico, la interacción con otras unidades impide la alineación perfecta que permitiría a la última combinación llamada "aniquilación". Por este modelo, parece que la gente, con el equipo para hacerlo, podría comenzar con electrones y por una aceleración progresiva en un campo electromagnético, siga "Pasos de la Evolución" como algunos de estos electrones cambió en "anti-electrones, protones", antiprotones, muones y muones anti, la partícula que se llama "Zeta," etc como el "electrón "unidades fueron alternativamente acelerado y comprimido (" aumentado en masa ") por la interacción con el campo que tendría un aspecto de giro constante de aspecto. Esta constantcia de rotación tendrá, alternativamente, la aceleración y compresión efectos direccionales en el resto de electrones antielectrón durante su rotación / inversión ciclo.

 Probablemente observacion debe mostrar señales atribuibles a la antielectrón, la Unidad de positronio en sus dos formas, algunas "radiación de aniquilación," señales de un protón, entonces el antiprotón, su combinación con un "análogo positronio," etc. La situación cada vez más complicada a medida que aumenta la presión "aceleración".

Los solicitantes para el bosón de Higgs, que comenzó en el nivel "protones" puede haber estado cerca de la producción de la "unidad de media idealizada", que se supone que llegó a una final compresión para el valor de la inversión $(h / c)^{0.5.}$

En cierto sentido, como la unidad central, la media en este modelo, esta unidad central tiene el mismo efecto de "Suministro de Gravedad", a la sustancia de la existencia al igual que el bosón de Higgs tiene a la más fantasiosa Modelo Estándar Conjunto de Unidades.

(La evidencia supuesta de Quarks en ese modelo puede surgir de una interpretación mala de los tres nodos probables de dispersión del electrón.)

 Los ingenieros aeroespaciales probablemente han sido conscientes desde aproximadamente la década de 1940 que el límite de la "c" para cualquier velocidad vectorial no tiene valididad. Esta idea estaba incorporada por via del espacio de Minkowski en el modelo Espacio-Tiempo de Einstein , en un error portador.

Parece ser algo más que un rumor de que "Unidades que se pudieren estar de Veloz mas que Luz" se conocen hace algún tiempo, pero sea problemente que aun ahora existen problemas de navegación y comunicación

(*Porque un mensaje ocupa una porción finita de un onda, se puede demostrar que, para un mensaje inteligente para ser transmitida y recibida, la velocidad relativa más rápido posible entre el par transmisor y receptor es 0,7 ..., cuál es 0,5^{0,5} de la velocidad de la onda portadora.*

Esto es para un par transmisor y receptor en órbita a uno al otra .Por otras situaciones el problema aparece en alrededor de la mitad de la velocidad de la onda portadora, o menos.]

Puede ser, sin embargo, que ha estado unidades que funcionan a unos 0.2c hace algún tiempo. Estas unidades- - aparentemente utilizan superconductores a temperaturas de espacio -- serían lo suficientemente rápido como para hacer viajes de comprobar en una Base de Marte razonablemente factible; pero, aún sería lo suficientemente lento como para utilizar la tecnología electrónica para la comunicación y el control.

Del modelo sugiere la posibilidad de moldear súper conductores en formas, en lugar de tener que hacer bobinados. Es posible, por ejemplo, que un una estracha de Mobius, zurdo, de superconductor -- montado correctamente con respecto a un magneto permanente en un "vacumo --" podría ser utilizado para ". Extraer energía del vacío" Una Lamera de Mobius (una unitahecha por torciendo la estrecha dos veces en la misma dirección antes de pegar los extremos juntos y luego girando al revés) podría funcionar aún mejor. *Posiblemente la tecnología grafeno en desarrollo podría ser pertinente.* Unidades de toda la cosas materiales posiblementes pueden proceder de la unidad "Zerotron" que surge de la combinación de la forma de electrones y la forma anti-electrón hasta un único oscilador. Este es un proceso que ha sido llamado srrónosamente "aniquilación".

 Una onda de choque podría distorsionar este oscilador por formar el neutrón que posteriormente se derrumba al electrón y el protón. Estos se recombinan en átomos de hidrógeno. Otros elementos pueden ser construidos a partir de los efectos de presión en lo que llamaríamos " cationes moleculares diatómicas." *Algunos ejemplos serían, HH^+ comprimido a D^+, DD^+ hasta $He4^+$. y DH^+ hasta T^+. Esta última unidad, el tritio catión, parece sea interconvertible a $He3^+$, la catión isomérica, " La monocation del Helium Tres."*

Se puede demostrar, matemáticamente, que la gran mayoria de los isótopos,, de pesado mas que He4, se poderian considerados como compuestados de combinaciones de unidades D. T y He3. Además, parece que la mayoría de emisiónes de partículas beta, de ambos cambios negativo y positivo, y la captura de la eletron K " son explicables por La interconversión entre el tritio y el He3 dentro de los átomos.

De esto se sugiere que esos procesos de desintegración radiactiva mencionados anteriormente podrian ocurrar por via de cationes monos-y que radioquímicos posiblemente poderian encontrar que las vidas medias pueden estar influenciadas por el entorno químico. La destabilidad de la unidad Be8 puede no ser del átomo Be8, como una unidad neutral, sino de la Be^{++} Esta dicationo de Berilio esta una "configuración" perfecta para dividir a las unidades de He4 y "una particula Anti-alfa" o "Anti-He 4 ", y partícula Alpha.

[Probablemente no se debería considerado la partícula Alfa como He4 núcleo sino una unidad bastante estable que contiene 6/8 del átomo He4.]
Muchas de las ideas de Química Molecular puede aplicarse a los átomos. Por ejemplo, la idea de "Estabilización de resonancia," de la química orgánica, encaja bien con la estabilidad de la partícula alfa como una "matriz planar." Alpha de emisiones puede ser una función de la forma de indicación de la unidad emisora. Análisis de los átomos de la vista de unidades internas, o posible units-- incluyendo T, He3.

D y Be8-- pueden ser útiles en la correlación de los modosdiferentes de descomposición de átomos radiactivos.

La fuerza básica considerada como una presión de todo-circundante, empuja interés a nivel atómico hacia el ideal de simetría esférica. Cualquier cosa que interfiera con la simetría casi esférica de una unidad de diatómico, por ejemplo, HH, puede causar que se agite o girar de forma errática, este tipo de movimiento permite la pérdida de la "energía de vibracion-rotacion al medio y compresión hacia un esférica, atómica formulario. Puede ser que HH sólo necesita ir a un estado triplete para iniciar la compresión para D.

(El *deuterio atómico puede ser considerado. mas o menos, como un análogo de un estado triplete.)*

Si esto es verdad, puede ser posible hacer que la transformación de HH a D por el uso de la luz de una frecuencia apropiada. Lo mismo podría decirse de DD para He4. Sin embargo, parecería que un DD+, la catión molecuar, podria subir de la misma manera. Sea probable que esta catión podría cambiar a He4 + más fácilmente que podría el estado triplete excitado.

Esta idea de variar estabilidades de estados iónicos, y el posible cambio de iones diatómicas a las formas monoatómicos sugiere lo que puede ser un interesante ciclo pasando en los soles en su camino desde He4 a C12. Una probable intermedio estaria Be8 que hemos mencionado antes, como probablemente romper a través de la indicación. es posible escribir una interesante secuencia de reacciones que ejecutan un ciclo de vueltas y vueltas entre las partículas alfa, Helio Cuatro y los iones de BE8 que podría continuar indefinidamente hasta roto por una reacción de interferencia llevando a C12. Esta "maquina de motion perpetual quiemica" reali en relaidad sucideira en estracción de energía del vacío circundante. Si eest la postulación estuve válida, sería interesante tratar de "traerlo a la Tierra." *Con mucho cuidado!*

La zona conocida como "fusión fría", que se refiere a las transformaciones en el nivel subatómico que pueden ocurrir en menos de las condiciones de alta energía de fusión de plasma, parece beneficiarse de las ideas de este enfoque simple. La "Fuerza Unica" va a ser más notable en la superficie de una unidad, donde el desequilibrio de movimiento será la mayor. En la situación de la formación de He4 en las superficies de electrodos de paladio, parecería que la saturación del Palladium con deuterio, probablemente como moléculas DD, sería proporcionar una alimentación constante de DD a una capa de superficie, donde las moléculas de DD estarían disponibles para entrar en una situación reacción en cadena si alguna unidad podría ser producido para iniciar la cadena.

La unidad DD podría ser producido por un número de posibles condiciones de iniciación. Dos de ellos son la presencia de un emisor alfa y la luz de una frecuencia suficientemente alta. Otros posibles iniciadores serían una inversión de polaridad del pulso, y los contaminantes que tiene la capacidad de iniciar. Una posibilidad que se me ocurre es la magnetita, óxido ferroso férrico , un unito astante estable y magnético

Por la vista anterior, la electrólisis proporciona el deuterio, pero puede no ser necesaria para los procesos posteriores. Parecería que sea posible producir el deuterio en otro lugar y tener la reacción tiene lugar en superficies catalíticas secos. En el último, se podría visualizar un reactor que consiste en una cámara en donde HH simples se transformaron en una superficie catalítica para DD que en otra cámara se transforma en He4. Si la especulación de que haya un posible He4 a Be8 y la espalda "química máquina de movimiento perpetuo" iban a estar mostrado para ser verdad, entonces He4 sería usado en un reactor separado a "extraer el calor del vacío."

(Algunas personas se molestó por la falta de observación en el trabajo "Fusion Fria" de las

diversas emisiones electromagnéticas que están asociados con reacciones "nuclear", es decir, las emisiones que se asocian generalmente con la formación o la transformación de los átomos. Un factor pasado por alto es que la posible gama de frecuencias de nuestro universo puede ejecutar desde una alta frecuencia de corte de "1 / h" a una frecuencia de "ch" en el extremo inferior. Ambas son muchos órdenes de magnitud de la serie limitada que poderiamos detectar.)

El básico ecuación que surge de ajuste constante igual de Planck a su definición como un momento angular y asumiendo que la velocidad tangencial media es la velocidad de la luz, "c". es "m x r = h / c."

Esta pequeña ecuación, que se inicia desde el misma información básica como las teorias de de mecánica quanta y espacio-tiempo, parece estaria algo más inclusivo que sus más conocidos "parientes" mencionedos arribas.

En la forma desarrollada de la ecuación mxr = h / c que se utiliza en la información básica de la Oscillators- in-a-Sustancia Modelo, que es, de la siguiente manera:

$$|Am| \times |Br| = |ABmr| = |h / c| = |Bm| \times |Ar|$$

--donde lAl es el valor numérico absoluto de la masa en reposo de un oscilador particular en la sistema

cgs, y IBI es el valor numérico absoluto de la longituda ade onda Compton en el mismo sistema -- la ecuación podría dar lugar a un nuevo campo de investigación matemática tratar con la interacción y el embalaje de los dos "tamaño" osciladores de vórtice diferentes conocidos como "electrones" y " protones. "Un" paquete "que da lugar a la parte de la realidad que llamamos" materia ".

El uso de números absolutos evita los problemas inherentes a la convención habitual de una serie siendo" positiva "si no hay señal designada. Esa convención coloca accidentalmente cálculos más matemáticos en el octante derecha superior delantera de un sistema de coordenadas cartesianas. Un modelo matemático de un oscilador, sin embargo, no es compatible con el uso de sólo una parte de la disposición "espacio matemático." Por lo tanto el uso de valores absolutos, con el signo igual representación de equilibrio, así como la igualdad matemática.

El implícita "Teorema "utilizados en" O / S "para determinar el segundo (alta masa / radio pequeño) Límite de osciladores y los valores de inversión podrán declararse de la siguiente manera:" Si no se puede encontrar en la naturaleza una relación de la forma, xy = K, uno puede postular que existe una relación recíproca en el que los coeficientes absolutos de x e y pueden intercambiarse dentro del sistema de unidades siendo utilizado. Además habrá una serie de valores correspondientes a la raíz cuadrada del valor absoluto de K que corresponderá a los valores de inversión de un oscilador. "Surgen varias ideas interesantes.

Una de estas ideas se inicia a partir del hecho de que" c ", el Velocidad de la Luz, se define como "tiempos de longitud de onda de frecuencia, c = HNU". Por el teorema anterior, "c" se podría considerar la constante, K, de un conjunto de osciladores que mostrar, con separación del transmisor, un desplazamiento hacia el rojo continua para frecuencias de emisión iniciales por encima del valor correspondiente a la frecuencia de longitud de onda definida por " $c^{0.5}$". Esto era de esperar.

Sin embargo, este teorema sugiere la idea de sorprender que *las frecuencias por debajo de los valores por encima de raíces cuadradas mostraría un cambio azul continuar con la distancia, que parece totalmente contrario a la lógica.* En, además, sugiere que no lo haría ser una frecuencia / longitud de onda que corresponde exactamente con "$c^{0.5}$" que sería *estable en la distancia!* Esta Frecuencia pasa a ser dentro de un rango que puede ser studied-- aproximadamente 173 kilociclos / seg .-- Podría haber algún tipo de posiblemente utilizable "equilibrio de movimiento" en este valor.

No fue hasta 2014 que se observó que la expresión "f / c" en realidad estaría asociado con un tiempo-valor independiente, por ciclo, y lo haría; por lo tanto, ser un cuanto básica de trabajo, dando así validez adicional a la idea de un "Control oscilador básico." El siguiente pequeño artículo como resultado.

Este artículo fue escrito unos seis meses después de que el artículo Infinita Energía. El profundo significado de la relación h/c no se dio cuenta hasta que no hubo una discusión sobre el análisis de Charles William Johnson, de la velocidad de la luz como promedio, publicado en el sitio Web / matriz de la Tierra (Earth/matriX) que se dio cuenta de que "una longitud de onda era una longitud de onda era una longitud de onda," Es decir, el contenido / trabajo de energía de una longitud de onda es independiente de la duración.

EL QUANTUM básicos de la existencia - oscurido en la vista clara durante un siglo

Una relación de vecinos parece ser una Resumen:.medida de la "Quantum" más pequeño de la Existencia

Una mirada a las dimensiones de la constante de la naturaleza, "f /c," lleoo a la conclusion que esa constante es independiente del tiempo /Esta constante, que tiene el valor de la masa por distancia por ciclo, `tiene el valor de un unito basico de labor . Es decir, la unidad básica de trabajo, que podría decirse que ha dado su nombre a la " Revolución Quantuma "del siglo XX.

Mientras que" puristas "no estarán de acuerdo con la declaración," la masa veces la distancia es igual a trabajo ", alegando que la definición de" trabajo "es"fuerza por distancia, "este escritor sostiene que cualquier masa medible será todos los días tienen asociada una unidad básica de la "aceleración". de manera que, para la discusión general, es indiferente que decimos "masa" o "Fuerza", sosteniendo que la medida de la "masa" es una medida de la "Fuerza Básica" involucrados en cualquier caso se está considerando.

La pequeña cantidad, "lh/ci "-- con palabras - es "El valor absoluto de el constante de Dro. Planck, dividida -por -"La Velocidad de la luz", que podría ser el "trabajo" que participan en la rotación de alguna unidad básica de la existencia una vez alrededor.

Esta value-- aproximadamente $2,2 \times 10^{-37}$ gramos-centimeter-- en el sistema cgs - También, sería la cantidad de trabajo necesario para cualquier longitud de onda de energía electromagnética, no importa lo que sea la longitud de onda. Es decir, cuanto mayor es la longitud de onda, menor será el valor de masa por unidad de distancia y viceversa-.

constante de Planck sería el valor asociado con la rotación de algunos básico; o, tal vez, la media - unidad a una velocidad tangencial de la "velocidad de la luz.

"En trabajo publicado en referencia al Modelo Osciladores-in-a-Sustancia. el uso de esta constante, h / c, como la constante de equilibrio para una "familia Oscilador" tiene el efecto de mostrar que esta pequeña función de trabaj sea aplicable a un conjunto ilimitado de combinaciones posibles de movimiento. Entre esas combinaciones son la unidad de electrón- positrón y la unidad de proton- antiprotón, así como el neutrón y -- probablemente el más importante de todos--, un " Oscilador de Controlo de Nuestro Universo" que posiblemnente funciona a la masa y valores de radio correspondientes a $(h / c)^{0,5}$- alrededor de $4,7 \times 10^{-19}$ cm. longitud de onda.

Un oscilador de alta frecuencia de este tipo de funcionamiento continuo en un "-sustancia paleo," conversión que en un "proto-sustancia", (por ejemplo, una unidad tal como el postulado "Zerotron,"), que sería separable para el electrón y positrón y deformable que el neutrón, Esta sustancia proto se verían obligados a ampliar hacia el exterior a medida que más y más acumulado. Considerado a la luz de nueva información sobre el fondo de microondas y en el que se agrupan, no es demasiado difícil de explicar "Energía Negro", "Negro Materia," y una instantánea de base de origen en cuanto a éste de alta frecuencia, el oscilador de funcionamiento continuo .

FIN DE TRADUCCION.
EN INGLES. E LIBRO ES MÁS LARGO PERO, ESTE PARTE, LLAMADO ,
"SECCION UNO" TIENE LA MAYOR PARTE DE LA THEORIA ESENCIAL.